U0274757

如何养好一只狗

HOW TO LOOK AFTER YOUR

[英] 海伦·皮尔斯 著　[英] 凯特·萨顿 绘　林玮 译

新星出版社 NEW STAR PRESS

新经典文化股份有限公司
www.readinglife.com
出　品

目录

养只宠物狗

你再也找不到比狗更聪明、更痴情的宠物了。早在五千多年前，狗就被人类驯服了。从那时起，它们一直和人类生活在一起，成为我们的亲密伙伴。

在收养一只小狗之前，你得好好想一想养一只狗都涉及哪些方面，确定自己能够照料好它，给它需要的生活。这很重要！

以下几件事是你在养狗之前需要考虑的：

你的狗狗能得到足够的锻炼吗？

你家附近是否有空地或公园，可以解开狗链让狗狗安全、自由地奔跑？

你养得起一只狗狗吗？

你得供它吃喝，给它打疫苗，如果它病了，还得花钱给它看病。

你有时间吗？

你每天要喂狗狗两次（如果是狗宝宝，每天得喂四次），还要训练它，带它出去散步。

你会总让狗狗孤独地待着吗？

让狗狗自己待一会儿没什么问题，但如果整天都没人陪它，它会感到孤单、不开心。要是你们全家每天都得外出工作或上学，那恐怕就不适合养狗。

你外出度假时狗狗怎么办？

会有人帮你照看狗狗吗？狗狗可以寄养在宠物中心或是养狗的家庭，但是费用相当高。

选只适合你的狗狗

不同的狗狗在体型、性格和运动量上有很大的差异，所以，选一种适合你和家人的狗狗很重要。

这取决于你是住在城市还是乡村，有多少时间来陪伴狗狗运动、为它梳理毛发，还得看你能控制多大体型的狗。还有一件事要考虑到：你家是否有年纪较小的孩子。某些品种的狗，比如拉布拉多，会对小朋友更有耐心。

选幼犬还是成年犬？

如果这是你第一次养狗，最好选一只幼犬。从动物收容站领养一只流浪的成年犬，给它一个温暖的家，是善意之举，狗狗可能忠诚、训练有素，但也可能曾遭过虐待，有难以改变的坏习惯，这样的话，就需要足够的经验和技巧，才适合领养它。

选雄性还是雌性的狗狗？

无论雄性还是雌性，宠物狗都同样善良、爱亲近人。当然，雄性狗狗往往会更独立，除非它们做过绝育（参见第 30 页）。

纯种犬、杂交犬，还是混血犬？

纯种犬与杂交犬

纯种犬，就是血统单纯的狗，祖祖辈辈都拥有一样的血统；而杂交犬的父母则各有其不同的血统。

纯种的幼犬非常昂贵。但养一只纯种幼犬的好处，是你能清楚地知道它长大后会是什么样。（这一点对杂交犬而言多少也适用。）

混血犬

混血犬的祖先谱系非常复杂，通常无法确定。有时候，你甚至都不能确定一只混血犬长大后体型会有多大，精力如何，是否吵闹，也不知道它训练起来是否容易。

尽管如此，混血犬跟纯种犬一样适合做宠物，许多人都很偏爱它们，因为比起许多纯种犬，混血犬往往更健康，价格也相对便宜。

狗狗的不同品种

这世上狗狗的品种有一百多种！

有些品种的狗最初被饲养是为了做某项专门的工作，这体现在狗狗的性格上：比如猎犬（原用于打猎）和畜牧犬（原用于放牧）都需要较大的空间，梗犬（原用于搜寻猎物）和伴枪猎犬（原用于替主人在猎鸟时捡回猎物）大都忠诚、顺从。而有些品种的狗，比如西藏梗犬或查理王小猎犬，一开始就是作为宠物与伙伴饲养的。另外，还有一些小型犬比较特别，因为太过娇小，需要精心对待。

选择狗狗的品种时要考虑以下几点：

- 它们能长到多大？
- 它们需要多大的运动量？
- 如果你住在城市，它们能适应城市生活吗？
- 它们的毛发需要花大量精力打理吗？
- 它们对其他狗或陌生人有攻击性吗？
- 它们训练起来困难吗？
- 它们生性安静，还是非常吵闹？

西藏梗犬

体型：小 / 中型犬
种类：陪护犬
★非常健康、爱亲近人、性情温顺
★每天都需要刷毛

比格犬

体型：中型犬

种类：猎犬

★活泼、非常健康，能与其他宠物友好相处

★需要仔细训练，否则容易走失

查理王小猎犬

体型：小型犬

种类：陪护犬

★性情温顺、爱干净、活泼、听话

★需要定期梳理毛发

腊肠犬

体型：小型犬

种类：猎犬

★忠诚、爱亲近人、有趣

★背部易受伤，切勿负重；要训练它不要跳到家具上

拉布拉多犬

体型：中型犬

种类：伴枪猎犬

★爱亲近人、忠贞、值得信赖

★需要大量运动，否则容易变胖

为小狗的到来做准备

在带狗狗回家之前把一切准备妥当，新来的小家伙就会更快安顿下来。

在未经排便训练之前，大部分时间你可能想让狗狗待在一间屋子里。这间屋子应该温暖，靠近你的家人，地板容易清洗。

狗狗会咬任何能塞进嘴里的东西！千万要收好电线和其他可能让狗狗受伤的东西。

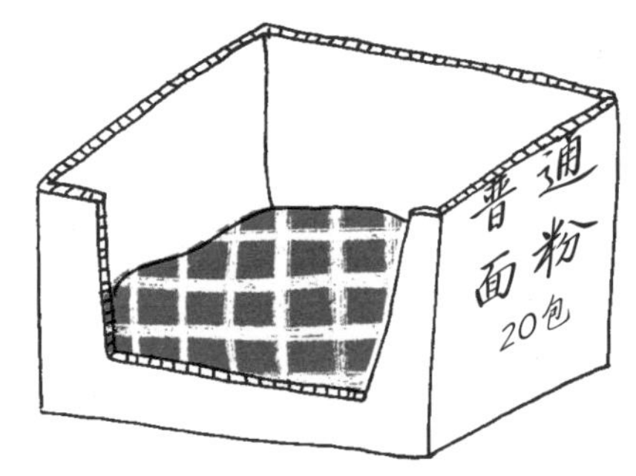

狗狗的床要安放在温暖的角落，用报纸和毯子铺好，不要太靠近锅炉和暖气片。注意，如果你为狗狗买的床此刻正合适，那么很快就会显得太小！在确定狗狗能长多大之前，用一个纸板箱就可以搭一张舒适的床。

要确保狗狗不会跑出你家院子，尤其是不能跑到马路上。如果你家附近有池塘，最好暂时用铁丝网围上。

你的狗狗将用到以下东西：

选购一只小狗

如果你想买一只纯种幼犬，可以在“育犬俱乐部”这样的网站上搜索当地的注册饲养者，也可以翻看各种爱犬杂志。

一定要在购买之前亲眼看一看小狗和它的妈妈，这样你才能知道小狗完全长大后的样子和习性。如果你想养杂交犬或混血犬，不妨跟养狗的朋友聊一聊，也可以去宠物诊所或口碑较好的动物援救中心问一问。选购小狗时多花点时间，记住“外观不是一切”：比起那种虽然漂亮但一见人就躲得远远的狗，初次见你不怯生还想跟你玩的小狗是更好的选择。一般小狗在几周大时就会被主人选定；等它和妈妈一起生活到差不多两个月大时，才会被带走。

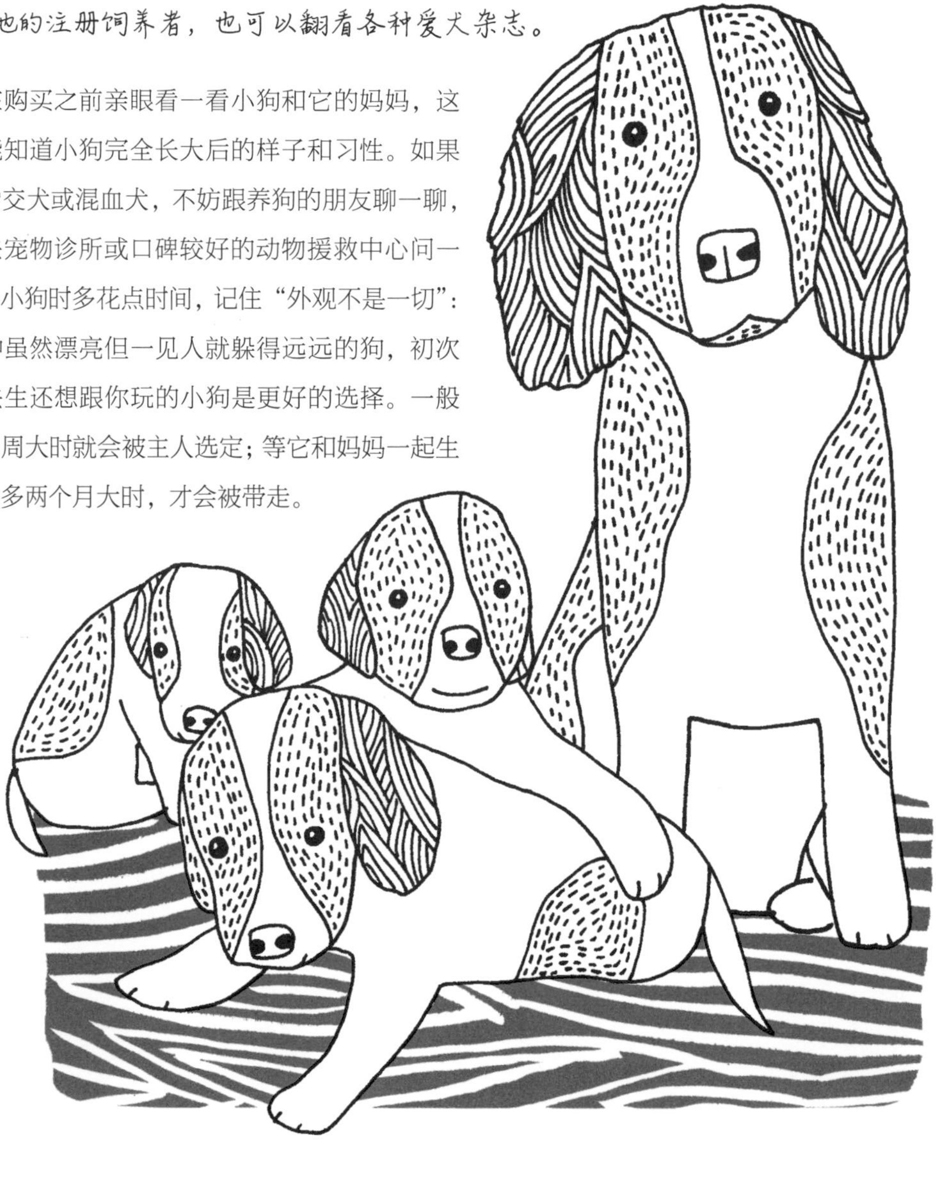

选购小狗时以下几个问题很重要：

它健康吗？

一只健康的小狗应该警觉，爱玩耍。它的眼睛应该清澈明亮（不能充血或易流泪）；身上的皮毛洁净，没有裸露的地方或发炎的斑块；耳朵干净，耳蜗里没有耳垢沉积。另外，它也不应有任何腹泻的迹象（比如尾巴周围很脏）。

它有纯种证书吗？

如果你买的是纯种犬，理应收到一份证明文件，上边列有狗狗的出生日期和血统。

它的年龄有多大？

年龄在八到十二周的小狗最适合被领养，因为这时小狗已经可以离开妈妈独立生活了。

它习惯吃什么？

别忘了询问它的饭量和投喂次数。一开始你要让狗狗保持相同的饮食（参见第 18–19 页）。

它接种疫苗了吗？

如果已经接种过疫苗了，卖狗的商家会给你一张接种证明；如果还没有，你就得尽快带它去打疫苗（参见第 28 页）。

它是否驱过虫？

如果没有，别忘了联系你的宠物医生。

它习惯和人一起生活吗？

如果你家喧闹嘈杂，你得保证小狗能适应相似的环境，这样它才能融入你的家庭。

带你的狗狗回家

回家途中

你需要一只宠物便携包把狗狗带回家。记得事先在包里垫块毛巾，这样会更舒适，也可减少回家路上的磕磕碰碰。让司机开车时尽可能平稳些，因为狗狗可能会晕车。如果回家的路程较长，你需要不时停下来给狗狗喂点水或食物。

切记：在狗狗接种疫苗之前，让它上街很危险，因为别的狗可能会把疾病传染给它。

欢迎回家！

回到家后，带狗狗去看看它的床，喂它些食物和水，然后让它安静地在屋子里“探探险”。小狗需要大量睡眠，所以别跟它玩太久，以免让它累过头。

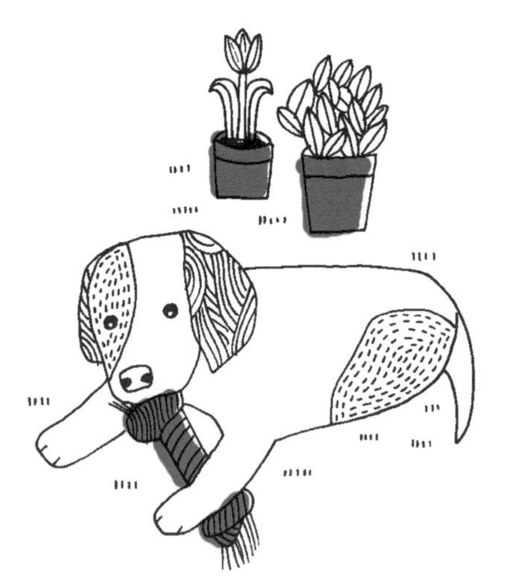

适应新环境

如果天气好，你可以带狗狗到院子里溜达溜达。但刚开始的几天，不要把它单独留在外面，因为或许会有一些你没有预料到的危险。在把新狗狗介绍给家里已有的宠物时要注意方式，体贴一下家里其他的猫咪或狗狗，以免让它们感到受了冷落。在狗狗还小的时候，千万不能让它与其他宠物独处。

入住第一晚

一开始你就得想好，是让狗狗跟你一起睡在卧室、外边的楼梯口，还是让它自己睡。切记，如果它从小养成在你的卧室过夜的习惯，等长大后就很难改掉。狗狗入住的第一晚可能会一直哭叫，因为它想妈妈了。

不要狗狗每次呜咽，都去看它，这会让它产生期待。你可以在隔壁房间用言语安慰它。为了不让狗狗感到孤单，可以试试用毛巾包上一只温暖的热水袋和一个嘀嗒作响的闹钟，塞到狗狗的床上。狗狗会觉得这像是妈妈的体温和心跳。

一到两晚之后，你的狗狗应该会自信多了，它会很快适应，不再哭泣。

训练狗狗排便

训练狗狗排便并不太费事，但你得有耐心，别指望它能立刻领会你的意思。如果它在厕所以外的地方排便，搞得一团糟，它可不是故意淘气，只是还没明白。

开始训练

首先，要教狗狗使用铺在地板上的报纸。只要它看起来想要排便了——比如可能会低声呜咽、转圈、嗅地面——你就把它抱到报纸上，轻轻地按着它直至排便结束，然后好好表扬它一番。选一个口令在狗狗上厕所时用，经常使用同一个口令能让狗狗快速记住，并明白你的意思。更换狗狗用过的湿报纸时，记得留下一小块，上面的气味会促使狗狗下回上厕所时回到原先的位置。

向外移动

你可以逐渐把报纸往门口移动，然后移到花园里。也许你想在花园里专门辟出一个地方，作为狗狗的厕所，那就每天早上一起来以及每次狗狗吃完饭后将它带到厕所区域。很快，它就会在想上厕所时去嗅大门，并汪汪直叫。

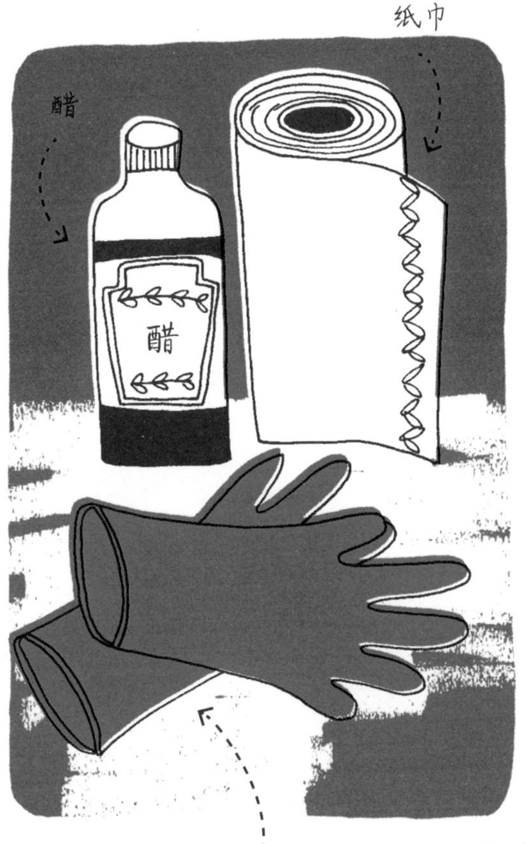

小心发生意外！

如果狗狗把便便排在地板上，弄得一团糟，你得彻底清洗那个地方，再用经水稀释的醋刷洗（记得戴上橡胶手套）。醋的气味可以阻止狗狗再到那里排便。如果你看到狗狗正在房间里排便，马上把它抱到外面的厕所区域。如果你没有当场逮住，把弄脏的地方清理干净就行，不要惩罚它，也不要发脾气。

给狗狗喂食

如果卖狗的商家没有给你喂养建议，你最好去问问你的宠物医生。

为了避免狗狗肠胃不适，一旦它适应了某种狗粮，你就应该坚持喂这种狗粮，除非出了问题或宠物医生建议你更换。就算更换，也应至少花十天时间逐渐替换。高品质的成品狗粮能保证狗狗所需的全部营养，狗狗各有不同，很难准确地说喂多少合适，但可以参照狗粮包装袋上的建议。你可以从每餐一茶碟的量开始。如果狗狗立刻一扫而光，看上去还是一副没吃饱的样子，你就知道得多喂它一点了。

喂狗狗时选一个安静的地方。它进食时不要逗它玩或打断它。一旦狗狗吃饱，就把剩余的食物清理走，但每次都给它留一碗干净的水。

应该多久喂狗狗一次?

小狗每天耗费的能量是成年犬的两倍，它们的胃却要小得多，所以给它们喂食应少而勤。另外，要避免在狗狗运动前后马上喂食！

 四个月以下的狗狗：一日四餐

 四到六个月的狗狗：一日三餐

 六个月以上的狗狗：一日两餐（视品种而定）

哪些东西不能让狗狗吃？

不要喂狗狗餐桌上的残羹剩饭，因为这会促使它向你乞食，可能导致过度肥胖。绝不要喂狗狗吃生肉、巧克力、洋葱、葡萄和葡萄干，这些东西对狗狗都有害。

零食与磨牙品

不要给狗狗太多零食，你可以留着当作奖励，零食还得健康，小块的鸡肉丁就不错。也不要让狗狗啃骨头，因为骨头的碎渣会对它造成伤害，你可以用一根生皮磨牙胶代替骨头，让狗狗保持牙齿健康。

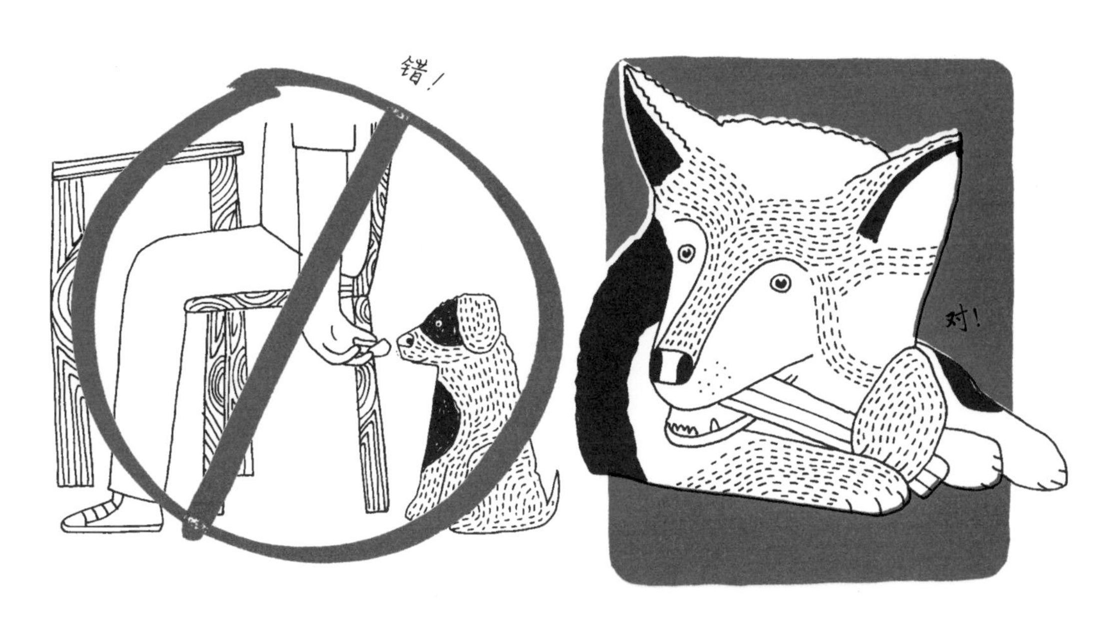

喂养成年狗

狗狗成年后（通常是十二到十八个月大时），可以逐渐开始喂它成年狗粮来替代幼犬狗粮。通常狗狗的体型越小，就会越快达到成年的体型。重申一次：要选择适合狗狗品种、营养全面的高品质狗粮——湿型狗粮罐头或干型狗粮都行。狗粮罐头打开后暴露时间不能超过半小时，否则可能变质。还应该随时给狗狗留一碗干净的水。如果你养的是中型犬或大型犬，应该使用高型食盆，以免它低头进食时吸入空气，引起不适。

服从性训练

训练狗狗需要时间和耐心，不过这些麻烦都是值得的。从狗狗还是小不点的时候，你就可以教它一些简单的指令，比如“随行”“坐下”“别动”和“过来”等。

项圈和牵引绳

在训练狗狗之前，得让它先适应戴着牵引绳散步。狗狗三个月时就可以开始戴项圈了，适应几天后再加上牵引绳，每天带它溜达几分钟。刚开始狗狗可能会排斥，又拉又拽。这时一定要坚持，但不能粗暴，要用奖赏和哄诱的方式让狗狗听从你。

狗狗训练小贴士

 对待狗狗要和善，但态度要坚决。

 每次要用同样的训练口令，以免狗狗感到困惑。

 一次只训练一条指令。

 不惩罚，只奖励。在初始阶段，每次狗狗成功地完成指令，你都可以用零食奖励它。

 不要让狗狗过度疲劳，每天训练十分钟就足够了。

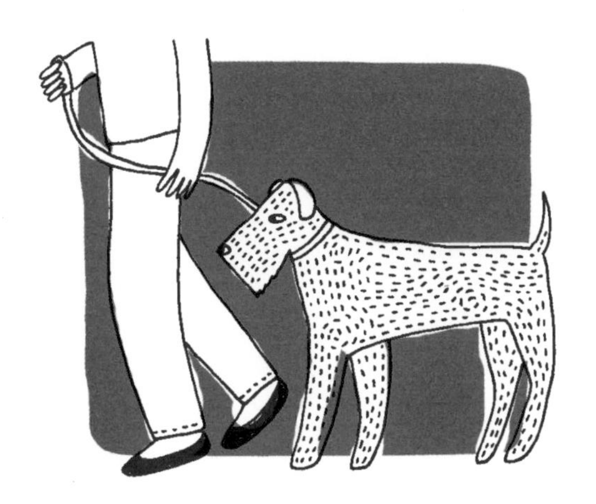

“随行”训练

让狗紧跟在身后，一手在身前抓牵引绳，另一只手半压绳子，随时准备控制狗狗。牵引绳要放松，狗狗一扯紧就往回拽它，并下达口令“靠过来”。

训练狗狗“坐下”

一只手拉着短牵引绳，另一只手轻轻按压狗狗的臀部，手掌张开，同时下达口令“坐下”。不要按压它的后背，除了靠近尾巴的地方，否则你可能会伤到它。

训练狗狗“别动”

面对狗狗，掌心朝外举起一只手，边后退一两步边说出“别动”的口令。如果狗狗跟过来，告诉它“不行”，再重新开始。它明白后可以逐渐离它更远一些。

训练狗狗“过来”

从距离狗狗几步远处，面对它，边下达“过来”的口令边轻拍你的腿。当它领会你的意思后，逐渐延长距离。每当狗狗跑过来，都要大大表扬它，奖励它一点零食。

户外运动

如果缺乏足够的运动，狗狗会生病。在室内待的时间太久，它们也会感到无聊。所以，每天你都应该至少带它出去溜达一次。

有时候，你实在不想出去遛狗，但一看到自己拿起牵引绳时狗狗那摇头摆尾的兴奋劲儿，你一定会觉得这很值得！狗狗的嗅觉极其灵敏，对它们来说，出去遛弯的一半乐趣在于探察——也就是追踪自己感兴趣的气味。你也可以跟狗狗一起玩一些有趣的游戏——有的狗狗喜欢跳跃，有的喜欢接球或飞盘。但别扔树枝给它，咬碎的树枝会让狗狗的口腔受伤。

需要牢记的重要事项：

在大街上或是牧养牛羊的乡间，一定要给狗狗戴上牵引绳。

要训练狗狗在等着过马路时坐下。

一定要给狗狗随身携带刻有你名字和住址的身份牌。

别让狗狗在人行道或公园的草坪上排便。狗狗的粪便中含有能引发人类严重疾病的细菌，所以当狗狗在户外排便后，一定要用专用拾便袋把粪便捡起来，扔进狗粪垃圾箱。

法律与狗狗

法律规定，主人应该对狗狗的行为负责。如果狗狗在人行道上排便、引发意外、袭击他人或动物、追逐家畜，狗狗的主人可能面临被起诉的风险。为避免损失，提前办一份保险不失为明智的选择。

身份牌与微型芯片

让狗狗独自在街上游荡并不合适——在很多地方这甚至是违法的，因为狗狗可能会被车撞到或走失。但狗狗也可能趁你不备偷偷溜出去，所以要确保它的项圈上带有身份牌。如果狗狗的项圈脱落或你不小心松开了牵引绳，千万不要追赶它，它会以为你在跟它玩，越跑越远。你得边叫它的名字边往相反方向跑，这样它就会来追你！可以给狗狗装上微型芯片，这样即使它走失（或丢了项圈），也能找到它。

和狗狗一起玩游戏

狗狗喜欢和其他同伴、人类一起玩耍，也喜欢玩玩具。不论是在户外还是室内，你都可以和狗狗一起开心玩耍。

捉迷藏

躲在另一个房间或某件家具后面，然后叫狗狗的名字，当它找到你时，要给它大大的表扬。你也可以藏它最喜欢的一样玩具。先向狗狗展示这件玩具，然后让狗狗待在看不见你的地方，把玩具藏好让它去找，沿途给它些提示，当它找到时，别忘了好好表扬它！

找盒子

在这个游戏里，狗狗将利用敏锐的嗅觉来扮演一名“侦探”。把几个容器倒置在地板上，在其中一个下面藏一件玩具或零食。鼓励狗狗去探查这些容器，直到它停在那个藏有“意外惊喜”的容器跟前。等它会玩这个游戏了，你可以多加些盒子以增强挑战性。

把几条毛巾或毯子卷起来当作栏架，带狗狗在其中穿行，让它试着跨栏。等到狗狗熟悉了游戏规则，让它待在栏架的尽头，从另一端叫它从头跨起。

楼梯冲刺

如果户外的天气很糟，这会是一项让狗狗释放能量的好游戏，但注意，这不适合一周岁以下的狗狗玩——它们的关节还不够结实，难以承受游戏带来的强烈冲击。游戏的玩法是：你站在楼梯下，把某件玩具扔到楼梯平台上，让你的狗狗飞冲上楼，把它叼回来。

狗狗美容

给狗狗梳洗美容，可以让它保持洁净、健康。

定期梳洗美容可以让狗狗皮毛清爽，脏乱松散的毛发得到清理，肌肤得到护理放松。让狗狗从小就接受美容，它才能学着去享受这一过程。刚开始时要使用柔软的刷子，在狗狗习惯之前持续的时间也别太长。别忘了美容之后要好好表扬它哦！

长毛狗

如果你养的是长毛狗，就要每天为它梳理，以免毛发乱成一团。先用梳子或按摩刷梳开纠缠的毛发，再用硬毛刷梳理顺滑。注意，一定要顺着毛发的生长方向梳理，小心不要伤到它的肌肤。中、长型毛发的狗偶尔还需要送到专业美容师那儿修剪毛发。千万不要自己动手修剪——把这留给专业人士吧！

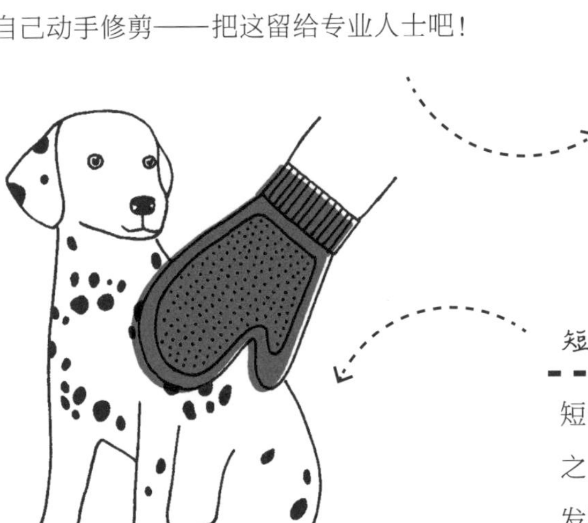

短毛狗

短毛狗每周只须用硬毛刷梳理一次毛发，之后再戴上橡胶手套抚平，把松散的毛发清理干净就好了。

身体检查

为狗狗梳理毛发时，可以顺便检查它身上是否有肿块、肉瘤、外伤等，需要送往宠物医院进行确诊。还要确认它的耳朵是否干净，爪子是否有裂痕或太长，身上是否有秃斑。若出现问题，就需要治疗了。

牙齿健康

建议你每周用狗狗专用牙刷和牙膏为狗狗刷两次牙。你只需要刷牙齿外侧，至于剩下的部分，狗狗自己会用舌头舔干净。

洗澡时间

一般狗狗一年只须洗三四次澡就够了。但如果你的狗狗在脏东西上打过滚，气味难闻，或毛色较浅，那多给它洗几次也无妨。洗澡时要使用适合狗狗品种的宠物香波和温水，水位没过狗狗的膝盖即可。先用喷头或一盆水浇湿狗狗，接着抹上香波，抹时小心避开狗狗的眼睛和耳朵，随后仔细用水冲洗，再用毛巾给狗狗通身擦干，把它带到温暖的地方直到皮毛完全干透。

让狗狗保持健康

在以下几个方面多加注意，可以保证你的狗狗不生病，身体健康。

如果狗狗看上去很没精神，胃口不好，或已经腹泻多日，你要马上带它去看宠物医生。就算是看上去非常健康的狗狗，也应该每年看一次宠物医生，做一个全身检查，并接种相关疫苗。

接种疫苗

你必须给狗狗接种疫苗，以免它染上常见的传染病。幼犬必须在八周大时接种相关疫苗，十周大时（或遵从宠物医生的建议）再接种一次。此后，还要每年接种一次。注射接种疫苗后，狗狗也许会稍感不适，甚至一两天胃口不好，但不至于因此生病。宠物医生会给你一张凭据，证明你的狗狗已经接种过疫苗，并提醒你下一次接种的时间。

高热

狗狗不能通过排汗降温，只能喘息，所以它们有时会因过热而虚脱。高温天气时决不能把狗狗留在车里，就算车窗开着也不行。

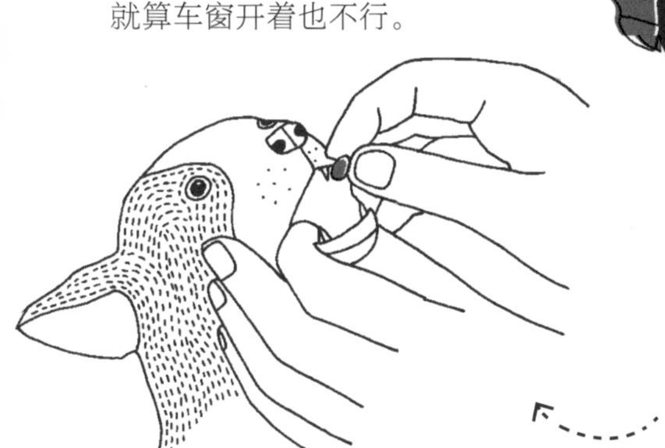

蠕虫

蠕虫是一种寄居于狗狗体内的小型寄生虫。每隔几个月，你就需要给狗狗吃几片驱虫药，驱除它体内的蠕虫——可以询问宠物医生该吃哪种药、多久吃一次。卖狗的商家理应在狗狗两周、五周和八周大的时候为它驱虫。

跳蚤

就算你觉得狗狗身上没有跳蚤，也须定期给它除跳蚤。最好从宠物医生那里购买驱除跳蚤的药品，效果会比宠物商店出售的更有效。

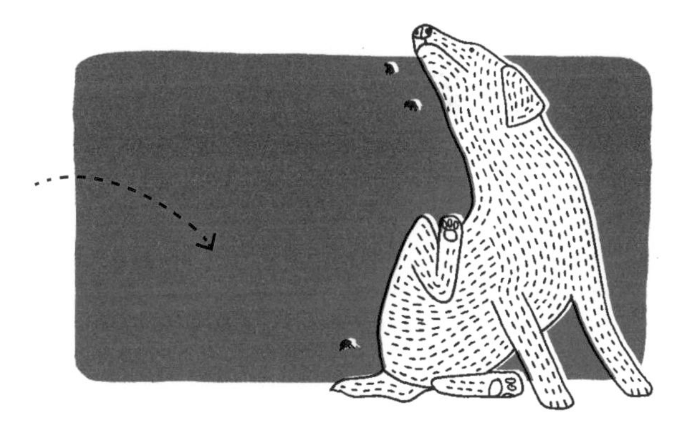

重病

多数狗狗可以活十到十四年。也许有一天你的狗狗会染上重病或是发生意外，深陷痛苦之中。宠物医生可能会建议最好放下它，给它注射一针无痛的“安乐死”，就像它睡着了一样。这可能会是你们全家做出的一个最艰难、最痛苦的决定，但也是你能为狗狗做的最好的事。

新生的狗宝宝

如果你养的狗狗生了狗宝宝，你一定会很开心，但这也会带来诸多事情。

你需要一名成年人来帮忙照料它们。要是你的狗狗怀孕了，可以找一本关于如何养育狗宝宝的书来看，在照顾狗妈妈与新生狗宝宝方面它会提供详细建议。

决定生育狗宝宝

许多人选择为他们的狗狗做绝育手术，这就意味着它们再也不能生狗宝宝了。

这是为了避免太多意料之外的狗宝宝出生。如果你养的是没做过绝育的雄性狗狗，它可能跑出去寻找伴侣，因而走失或被车撞到。如果你的狗是纯种狗，而你想让它生宝宝，你就需要为它找一只相同品种的狗狗做伴侣。

照看怀孕的狗狗

如果你的狗狗怀孕了，你应该带它去宠物医生那里检查健康状况，征求医生的相关建议。在孕期前四周，狗狗的饮食照常即可。但随着狗宝宝在母体内逐渐长大，应该增加投喂量。狗狗还需要额外的营养，把它的饮食结构逐渐调整回幼犬的全面营养搭配，会是不错的选择。

狗宝宝发育情况

- 狗妈妈孕期：九周
- 一胎狗宝宝的数量：
  小型犬：一到六只
  大型犬：五到十二只
- 狗宝宝出生后睁开眼睛的时间：
  第十天
- 狗宝宝可以断奶的时间：第四周
- 狗宝宝能离开妈妈的时间：
  第八到十二周
- 雌性狗狗初次怀孕的最佳年龄：
  一岁半

分娩期间与生产之后

狗狗分娩一般比较容易，无需助产，尽管你可能愿意安静地在一旁陪护。分娩后第一周，要特别细心地照料狗妈妈，确保它没有生病迹象。在第三周左右，要带狗狗和宝宝去宠物医生那里体检。头四周，新生的狗宝宝只能吃妈妈的母乳，四周后就可以断奶，改吃固体食物了。狗妈妈在哺乳期需要大量进食，所以得增加喂食量。好好享受这段特殊的时光吧——和狗宝宝相伴成长，带它们去探索世界！

图书在版编目(CIP)数据

如何养好一只狗 / (英) 海伦·皮尔斯著；(英) 凯特·萨顿绘；林玮译. —北京：新星出版社，2016.7
ISBN 978-7-5133-2167-9

Ⅰ. ①如… Ⅱ. ①海… ②凯… ③林… Ⅲ. ①犬－驯养 Ⅳ. ①S829.2

中国版本图书馆CIP数据核字(2016)第111733号

著作权合同登记图字：01-2016-2689

如何养好一只狗
[英] 海伦·皮尔斯 著
[英] 凯特·萨顿 绘
林玮 译

责任编辑 汪 欣
特邀编辑 杜益萍 秦 方
责任印制 廖 龙
装帧设计 韩 笑
内文制作 田晓波

出　　版 新星出版社 www.newstarpress.com
出 版 人 谢 刚
社　　址 北京市西城区车公庄大街丙3号楼 邮编 100044
　　　　 电话 (010)88310888 传真 (010)65270449
发　　行 新经典发行有限公司
　　　　 电话 (010)68423599 邮箱 editor@readinglife.com
印　　刷 北京利丰雅高长城印刷有限公司
开　　本 700mm×850mm 1/16
印　　张 2
字　　数 20千字
版　　次 2016年7月第1版
印　　次 2016年7月第1次印刷
书　　号 ISBN 978-7-5133-2167-9
定　　价 25.00元